小小牛顿 科学启蒙 —大百科—

探访火星

牛顿出版股份有限公司 / 编著

外语教学与研究出版社
北京

探访火星

月亮、星星和地球一样，都是星球。为了了解月亮，已经有航天员飞到月球上去探险了。下一站，人类要去哪里呢？相信不久之后，人类就要去探访火星了。

为什么要去火星?

因为火星距离地球比较近，而且科学家发现火星上可能有水，这为生命的生存、繁衍创造了条件，所以，人们才想去探访火星。虽然火星到地球的距离较近，但是相比月球到地球的距离来说，这个距离还是远得多。目前，乘坐人类研发的宇宙飞船从地球到月球，大约需要3天时间，飞到火星则需要约180天。

金星是距离地球最近的行星；火星排第二，距离地球也非常近。金星很热，不适合人类居住。虽然火星比地球小，但是火星上有大气和液态水的迹象，很有可能适合人类居住。

利用火箭飞向太空

航天员要飞往月球或火星，需要搭乘宇宙飞船。宇宙飞船在火箭的帮助下才能离开地球，进入太空。因为火箭的冲力很大，可以摆脱地球的强大引力，所以能飞向太空。

靠燃烧燃料产生的冲力，火箭可以飞上天。

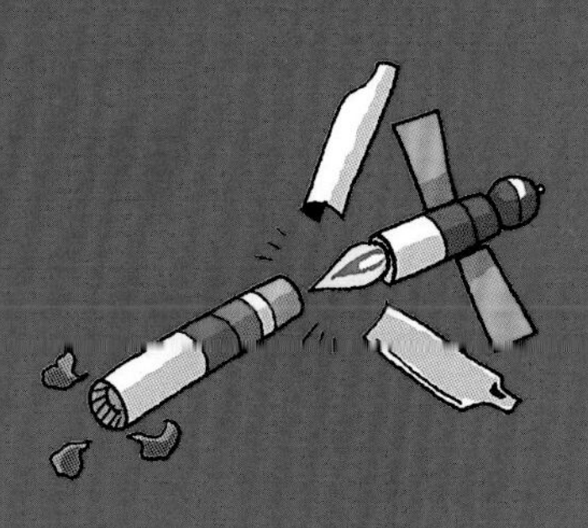

飞上太空后，火箭烧完的燃料箱会脱落，最后剩下宇宙飞船在太空中继续前进，飞往月球或火星。

舱外航天服保护航天员

舱外太空中没有空气，地球引力的影响也很小，所以航天员都处于飘浮状态。他们离开宇宙飞船时必须穿上舱外航天服，这样才能保护他们的安全。

每个星球都有引力，会把靠近它的东西吸住。但是，航天员离星球太远，星球吸不住他们，所以他们会飘起来。

如果航天员离开宇宙飞船时没穿舱外航天服，他们就不能呼吸，还有可能冷得受不了甚至冻死，或者热死。所以，航天员出舱后，在太空中必须穿舱外航天服。

舱外航天服的功能

舱外航天服可调节温度。

看到火星了！

火星表面到处都是坑洞，看起来凹凹凸凸的。水手峡谷是火星上最大的峡谷。

火星上有许多坑洞，这些坑洞是陨石撞击留下来的痕迹。

火星上只有沙石

火星上有高山也有峡谷，到处都是沙尘和岩石，没有植物，经常会刮起沙尘暴。

火星上常常有大风暴，把沙尘和岩石吹起来；风暴停了，就形成了一个个沙丘。

火星表面看起来就像地球上的沙漠。

这是因为火星上不会下雨，风还很大。

火星上的冰

在火星的南北极有水凝结成的冰。科学家推测，在很久以前，火星上可能有液态水存在，但是现在水不见了，大部分的地方都变得像沙漠一样。

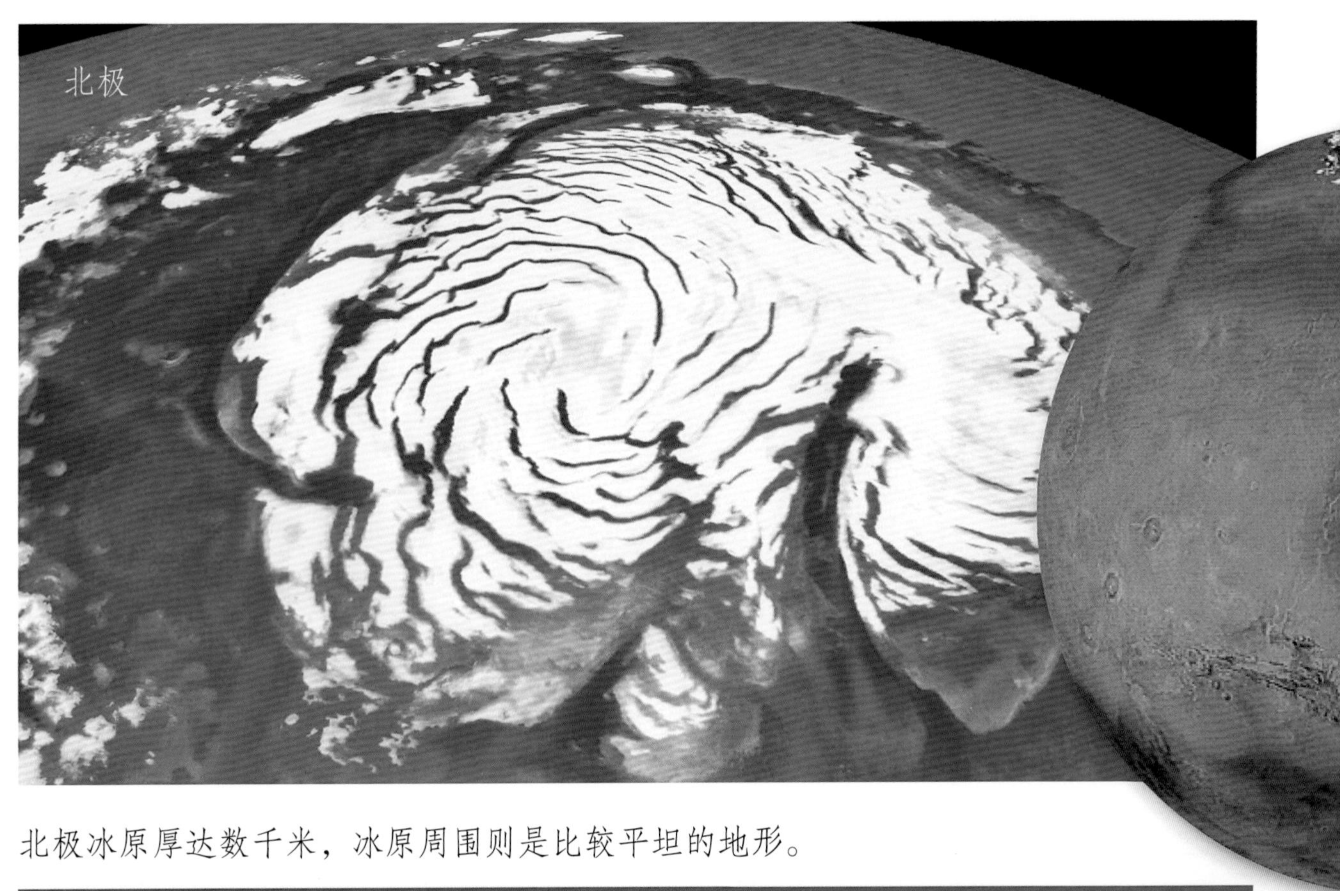

北极冰原厚达数千米，冰原周围则是比较平坦的地形。

没想到火星上不是冷就是热，在这里生活也很不容易。

没错，火星上的温差很大。一天中最高温度和最低温度相差近100℃。

火星上没有人，只有机器人

以前传说有火星人，但是，科学家把探测机器人送到火星上，一直到现在都没找到火星人。

机遇号

许多火星照片是由“好奇号”和“机遇号”探测机器人拍照传回来的。“好奇号”和“机遇号”探测机器人是由科学家送到火星上的，它们也帮科学家进行沙尘、岩石和大气的探测与研究。

地球最美丽

虽然大家都对火星很好奇，有些人还想去火星生活，但是，我们的地球更美丽。地球上有空气、水，最适合人类生活，人们应该好好保护地球。

给父母的悄悄话：

浩瀚又神秘的太空，一直寄托着人类无限的想象，吸引着人们不断去探究。继月球探测之后，目前科学家在积极地研究火星。他们不但送出探测机器人去探索火星，还计划把航天员送上火星，进行在火星上生活的研究实践。火星未来会不会像地球一样，成为人类的另一个家，让我们拭目以待吧！

小妹妹哭的时候

小得的妹妹哇哇大哭，小得该怎么办才好呢？

给父母的悄悄话：

父母平日引导孩子多去体谅、关切别人的情绪，对孩子人格的养成有很大的助益。当然，父母不能要求孩子负起照顾弟弟妹妹的责任，但让孩子协助父母做事，进而培养手足之间的感情，是十分必要的。

拍拍她的背，告诉她不要哭。

捂住耳朵，不管她。

告诉妈妈。

扑克小兵排队形

扑克小兵在练习排队形，它们必须按照队长的口令调整队伍。

队长说：“数字小的士兵排前面！”

你知道还没排好的扑克小兵该排在哪里吗？

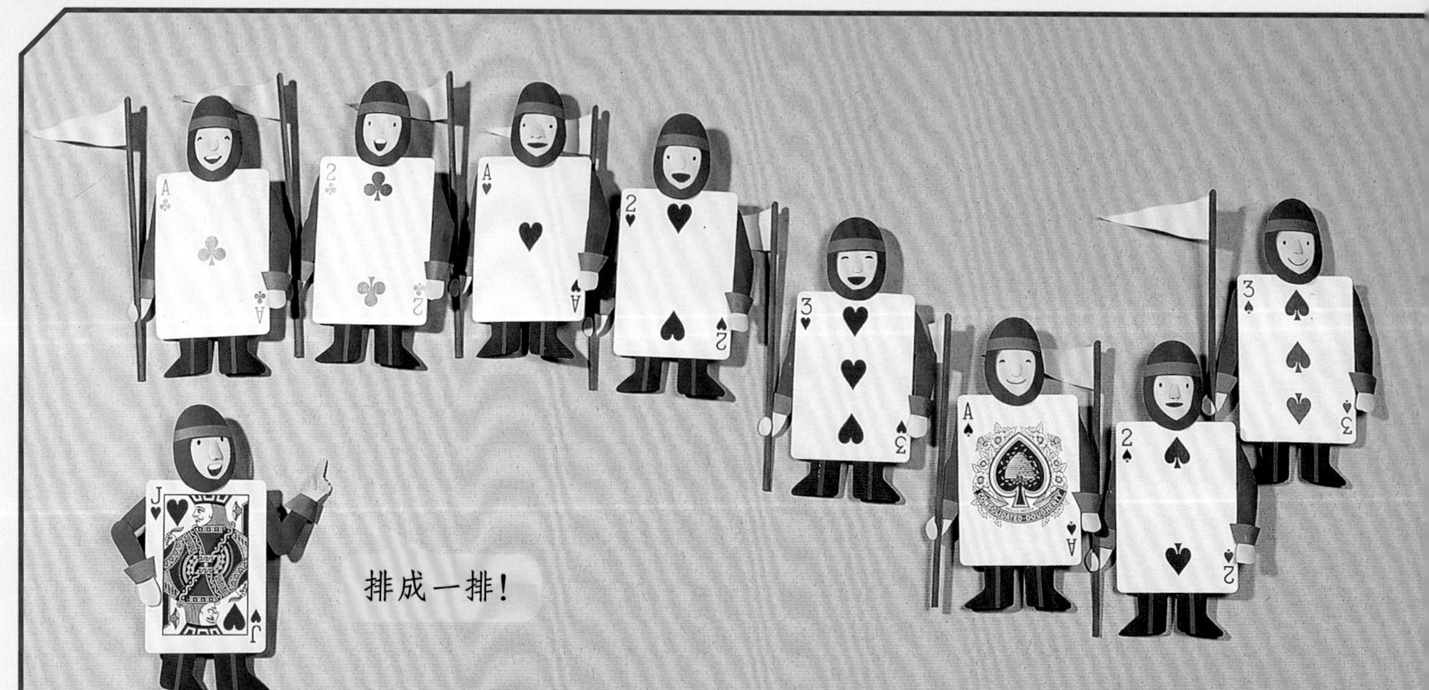

队长说:“排成一排!”可是有小兵不知道该排哪里。你知道它们该排在哪里吗?

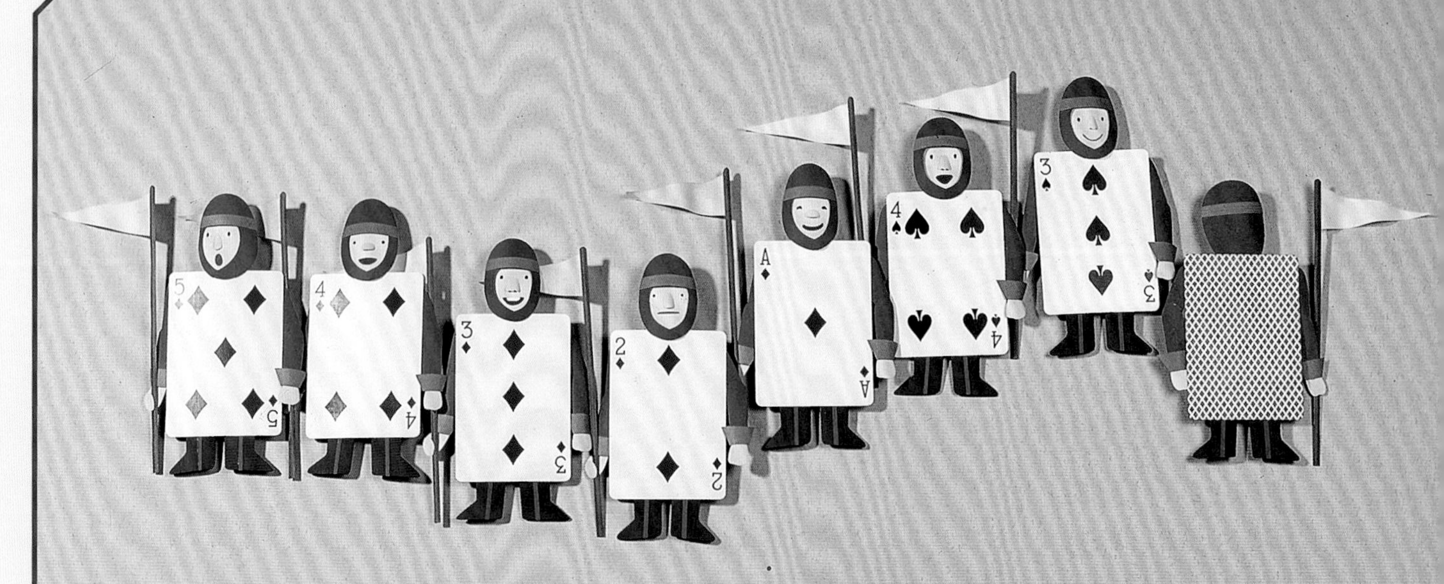

队长又喊出一个口令:“转过来!”

小朋友,你知道哪个士兵没有转身吗?

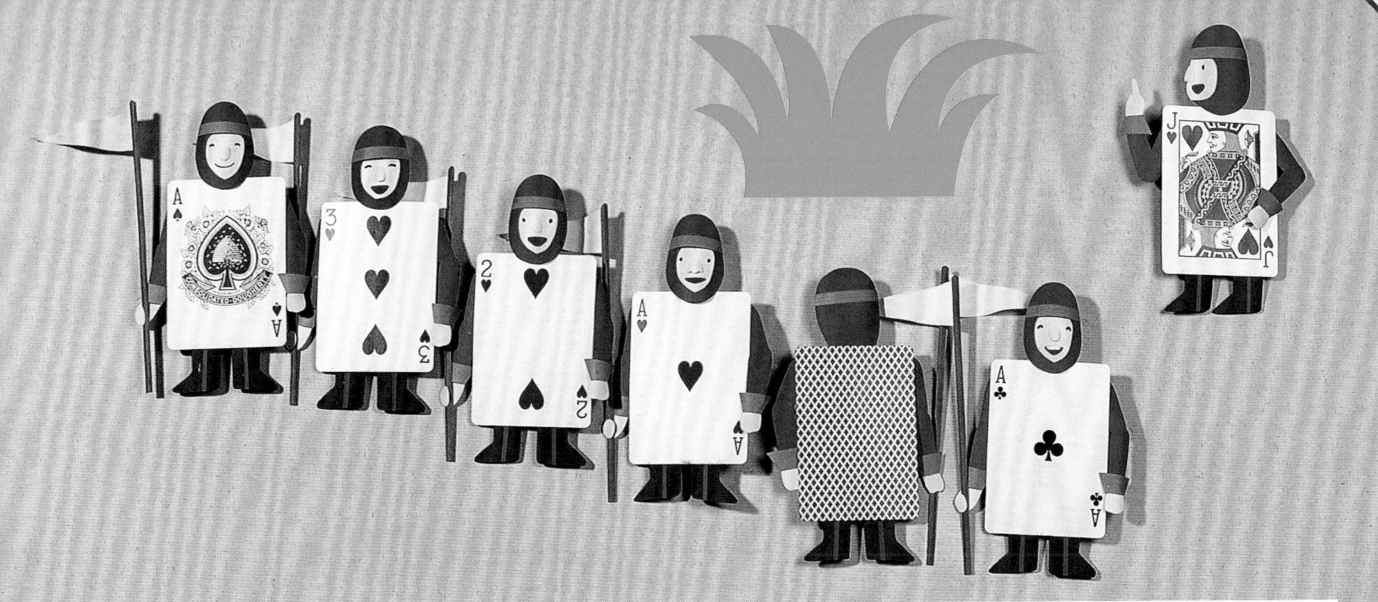

给父母的悄悄话：

扑克牌有不同花色，还有各种数字，家长可以随意组合、排序，让孩子在游戏中初步认识和理解数列、排列组合等数学概念。

水的表面张力

回形针是铁做的，比水重，可以浮在水面上吗？

回形针能浮在水面上，是因为水的表面张力撑住了回形针。所以，将回形针放在水面上时，在不破坏水的表面张力的情况下，回形针就能浮在水面上。

让回形针浮在水面的方法

1. 将回形针放在卫生纸上，再放到水面上。

2. 等卫生纸沉入水中，回形针就能浮在水面上了。

把回形针放在一张卫生纸上，再放入水中，可让回形针保持水平。卫生纸下沉后，水的表面张力可以撑住回形针，不让它沉到水里。

如果回形针没有完全平放在水面上，就会破坏水的表面张力，水就撑不住回形针了。

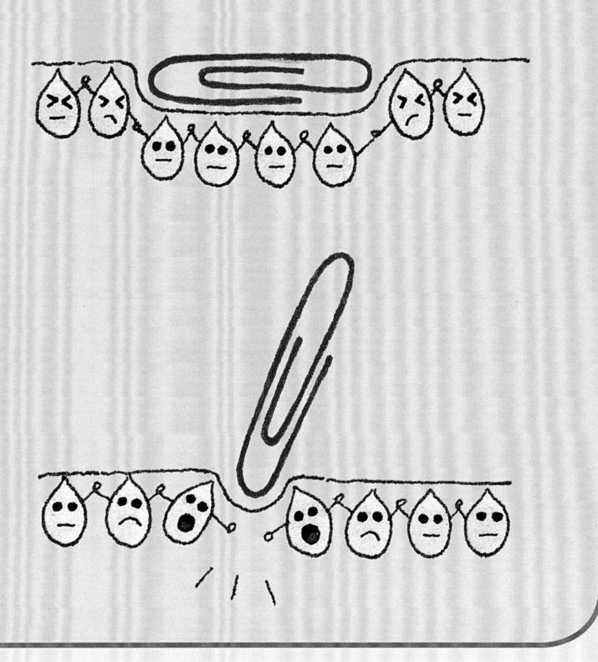

把塑料瓶上半部分切下来，在切口处沾肥皂水，形成肥皂膜，肥皂膜就会自己往上移。

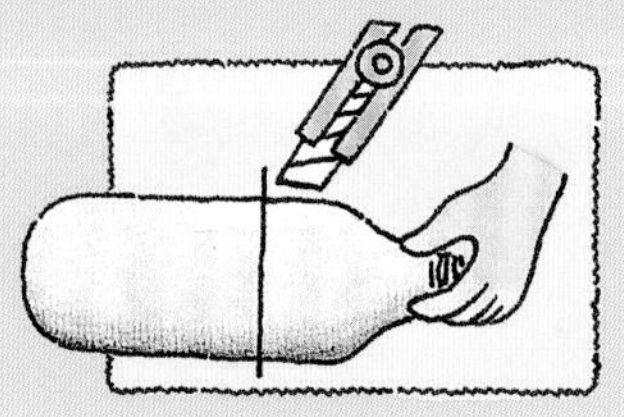

① 切开塑料瓶。

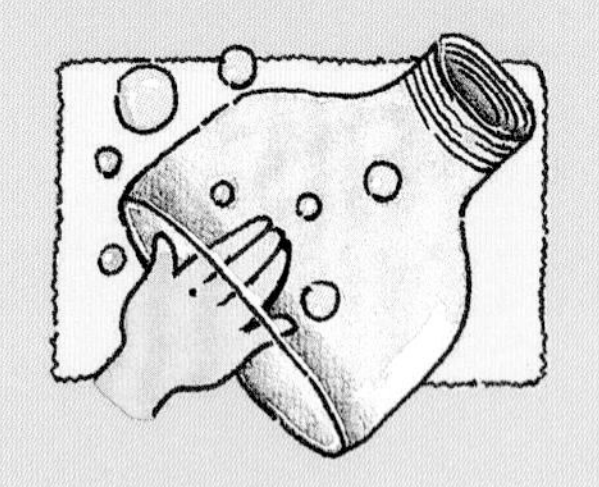

② 在切口处沾一些肥皂水。

③ 沾肥皂水。

④切口有一层肥皂膜。

为什么肥皂膜会往上移呢？

在瓶口宽的地方，肥皂膜中的小水滴必须把手拉得很紧，往上移到瓶口窄的地方，小水滴就比较轻松了！

给父母的悄悄话：

水的表面张力现象在生活中非常常见。希望孩子们读过这部分的内容后，能了解这些现象背后的成因，并能在生活中注意到这种现象。

在生活中，什么地方还可以看到水的表面张力现象呢？

1. 叶子上的露珠、落在雨伞上的雨滴都是圆的。

2. 水面高过了杯子，水仍然不会流出来。

三样东西

有一天，动物国里突然响起一阵爆炸声："砰！砰！砰！"

胖小猪急急忙忙地跑去找小松鼠和小山羊，大声喊着："地球快爆炸啦！地球快爆炸啦！"

小松鼠紧张地说："真的吗？我们该怎么办？"

“哎呀！我们快点逃吧！”

“我们要逃到哪里去呢？”

“当然是去别的星球啊！火星离地球很近，我们就先去火星吧！快！快去准备你们想带走的三样东西！”

“为什么是三样东西呢？”

“哎呀！我们动物国的宇宙飞船都是迷你型的，每一艘只能容纳一只动物。而且，宇宙飞船操作手册规定，每只动物只能带三样东西，才不会超重！”

小松鼠说："只能带三样东西？那到底该带什么好呢？"

胖小猪说："简单！既然要去火星，听名字就知道火星上一定很热！我呀，只带吃的、喝的，再带一件背心就好啦！"

爱漂亮的小松鼠想了想说：“听说火星人长得很像章鱼。如果我把帽子、裙子和梳子带去，打扮得漂漂亮亮的，我就是火星上最美的了！”

胖小猪和小松鼠一直在讨论该带哪三样东西，小山羊却一句话也没说，独自跑到森林图书馆去查资料了。

一会儿，小山羊回来了。小松鼠问它：“你干什么去了？”

小山羊说：“刚才我去图书馆看了几本介绍火星的书。你们说火星上很热，但书上说，其实火星的晚上非常冷。而且，火星上根本没有人，你穿漂亮衣服也没有人看。”

小松鼠不服气地说：“那你带哪三样东西呢？”

“航天服、扑克牌和挤压式牙膏。”

“扑克牌？哈哈！你还带玩具呀？”

胖小猪也哈哈大笑：“带什么牙膏？穿什么航天服？你带的东西有什么用啊，笑死人了！”

“你们不懂！火星上的氧气非常稀薄，只有穿航天服才可以正常呼吸！乘宇宙飞船去火星要一百多天，日子很长，在宇宙飞船上一定很无聊，所以我要带扑克牌。还有，你们不要小看这种牙膏，这里面装的是一种热量很高的压缩食品。只要吃一口，就可以一个月不用吃其他东西。你们看，我这三样东西很棒吧！”

胖小猪说：“算了！我们还是各带各的。反正，没有东西吃，我可受不了。我还想偷带一箱方便面呢！”

这时候，远处又传来一阵爆炸声：“砰！砰！砰！”

胖小猪大叫：“一定是地球爆炸啦！”

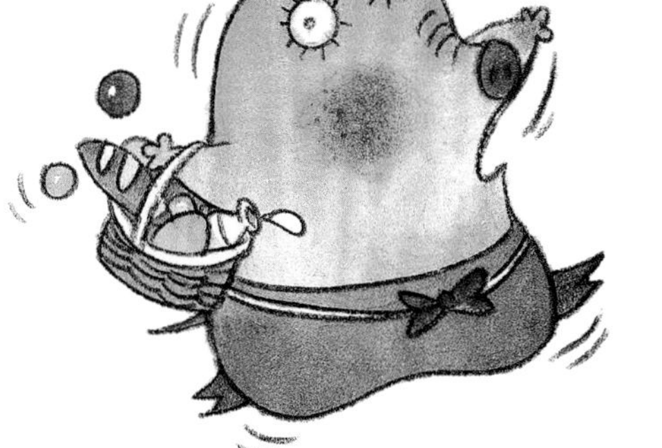

小山羊和小松鼠拿起东西，立刻钻进宇宙飞船，按下了发射按钮。

只有胖小猪紧张地大叫：“糟啦！我不知道怎么开宇宙飞船啊！喂！等等我……”

这时，远处又传来一声巨响！

胖小猪吓得昏过去了！

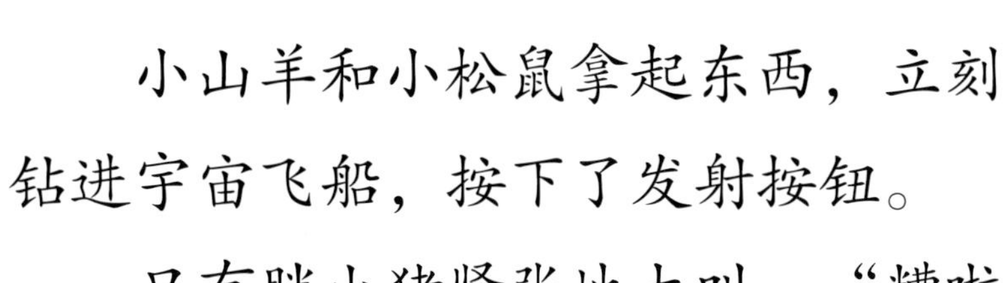

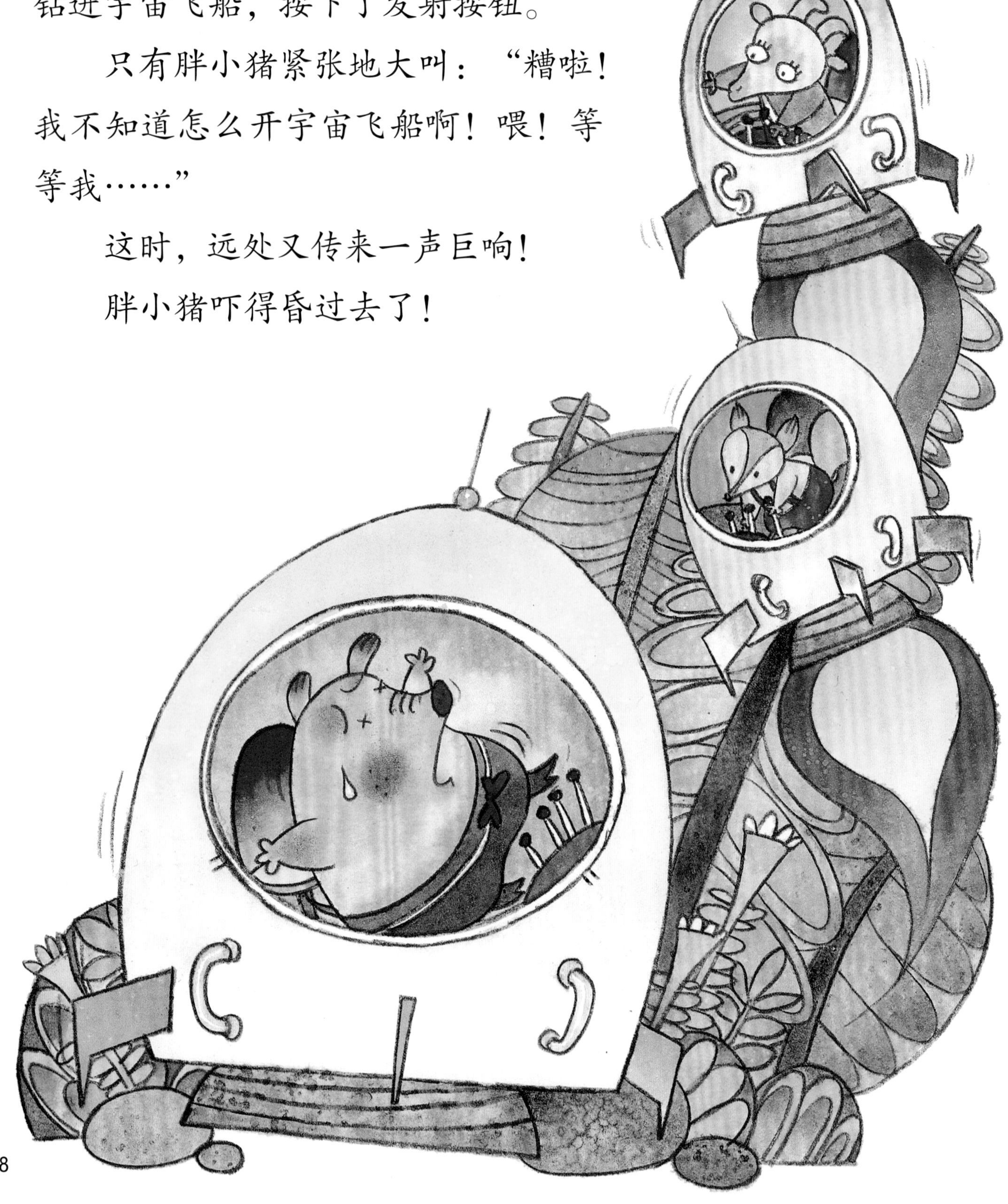

为什么煮熟的蛤蜊会张开

蛤蜊有两块闭壳肌和贝壳相连，当闭壳肌收缩拉紧时，贝壳会合得很紧；当闭壳肌放松时，贝壳就会打开。而蛤蜊被煮熟后，已经没有办法再收缩拉紧闭壳肌，所以贝壳就会张开。

蛤蜊如果遇到敌人，就会收缩闭壳肌，把壳合起来，让敌人没有办法吃到壳里的肉。不过，海星管足上的吸盘可以吸住贝壳，把贝壳打开。

西蓝花

我们常吃的西蓝花，是甘蓝植物的一种，和圆白菜、白菜是亲戚，因此它们的植株长得很像。不过，我们吃的主要是西蓝花的花和茎，而非叶子。

西蓝花的生长过程

1. 将小芽种在土中。

2. 西蓝花小苗喜欢水，多浇水可以让它的叶子长得更快。

4. 几十天后，就长出花球了。

3. 西蓝花喜欢凉爽的天气，温度不高时，生长得最好，花苞也长得快。

西蓝花开花了

小花苞

我们常吃的西蓝花，是一大簇小花聚集成的大花球。你细看的话，可以看到花球上有一朵朵的小花苞。如果放久了，这些小花苞也会开出花来。

如果不采收，让花苞继续长，花苞就会开出许多黄色的小花，吸引蜜蜂来采蜜。

西蓝花营养丰富，多吃西蓝花对身体好。

我爱观察

蒲公英

蒲公英瘦果上的冠毛带着它的种子，随风飘扬。小种子落地后，生根发芽、开花结果，瘦果上的冠毛形成一个毛茸茸的白球。

冠毛又带着种子，展开另一段种子的旅行。蒲公英的生命力很顽强，很多地方都可以见到它们的身影。